中国地大物博，各地的饮食习惯不尽相同，而火锅的丰富性，也随着南北方、东西部，以及沿海地区的物产资源分布不同，分别有着不同的口味与食材变化。

火锅的汤底变化多端，是影响火锅美味的绝对关键。从红油香辣的红汤、香醇浓郁的白汤、鲜美滋补的鸡汤、鲜味十足的海鲜汤、清爽鲜甜的蔬菜菇菌汤，到复合汤底的港式煲汤……本书应有尽有，并详细介绍了近 40 道全中国最受欢迎的各式火锅，你绝不能错过。

火锅也象征着团团圆圆，是亲朋好友或家人团聚时，一定会出现的餐桌美肴。尤其是在寒冷的冬天，端上一锅热呼呼的火锅汤底，涮着自己喜欢的食材，暖汤热菜一入口，氤氲的香气、热气扑鼻而来，真是让人从头暖到了心窝。

火锅中的食材丰美，选择性多，让有着不同口味的饕客都能随意地"挑嘴"。

近年来随着生活水平提高，"吃火锅"也蔚为一股时尚风潮，如："呷哺呷哺"一人式的小火锅；仿佛一场美食盛宴的"海底捞"；传统复古的"炭烧铜锅火锅"；永远不退流行的"鸳鸯麻辣火锅"……这些舌尖上的美味，是不是让你也垂涎三尺了！

U0233197

火锅汤料大讲堂

火锅汤底的调制是火锅制作的核心，它决定着火锅的风味，是火锅美味的关键。现在跟着贺师傅一起制作大厨家传秘籍汤底，让你在家足不出户，就能吃上五星级的地道火锅。

2 种五星级火锅汤底制作方法：

红汤

红汤底的主要食材是豆瓣、蒜、生姜、豆豉、干辣椒、盐、料酒、冰糖、醪糟汁、花椒、辣椒、糖。由于辣椒、花椒分量较重，因此红汤底的特点是麻辣浓烈，香味浓郁，充分展现了红汤火锅味浓醇厚、富于刺激性、回味柔和的特色。

清汤

清汤底的主要食材是鸡、鸭、火腿、棒子骨、猪肋排、瘦猪肉、鸡胸肉、姜块、料酒、盐、胡椒。清汤底的特点是汤汁半清澈、味道鲜美、不浑且无油，具有滋补养生的极好作用。

3 种家常汤底的制作方法：

鸡汤

老母鸡切大块、洗净、焯水，放入冷水锅中，大火煮开，撇去浮沫，放入葱、姜，中火炖至鸡肉软烂，即可取汤。优质的鸡汤，味道鲜美，适用于各式荤素火锅。

鱼汤

鲜鱼去内脏，洗净，加入清水、姜、葱，大火煮开，撇沫后，下入料酒，中火熬炖至汤汁乳白、鲜香味溢出时，捞出鱼骨渣、葱姜，此汤就是鲜甜的鱼汤底。

骨汤

鸡肉、猪骨、鸡架骨洗净，放入凉水锅中，大火煮开，撇去浮沫，然后放入葱、姜，中火煮至肉烂，滤去骨渣，即成骨汤。一般家用火锅取用此汤即可。

火锅美食的秘密大公开

火锅既是一种美味佳肴，也是一种烹饪方式。可能你还不知道，火锅有其与众不同的特点，下面我们就将火锅的秘密大公开，让你从此对火锅有一个全新的认识。

1 一热当三鲜

火锅是用热传导的方式使汤汁一直处于沸腾的状态，食用者可以边吃边烫，而且配菜与不同蘸料的巧妙结合，使火锅既热又鲜，美味可口。

2 鲜上又加鲜

火锅所选用的汤料配制精细（如红汤、清汤的汤料），所采用的原料：如鸡、鸭、鱼，均鲜味十足，并含有多种谷氨酸和核苷酸，这些物质在汤汁中相互作用，产生十分诱人的鲜香味。

3 选材广泛，味适众口

火锅的选料广泛，几乎日常生活中可以食用的原料都可以放入火锅涮食，无论是畜肉类、家禽类还是水产类、蔬菜类，每个人都可以根据自己的喜好找到自己偏爱的口味。

4 保健养生，有益健康

许多火锅的原料中，添加了具有滋补保健功效的人参、枸杞、黄芪、白果、当归等中药材，让你在享受美味佳肴的同时，得到滋补身体的功效。即使略有伤风头痛，吃过火锅后，大汗一出，身体就会舒适许多。

● 书中计量单位换算

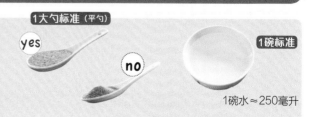

1小勺盐≈3克
1小勺糖≈2克
1小勺淀粉≈1克
1小勺香油≈2克

1大勺淀粉≈5克
1大勺酱油≈8克
1大勺醋≈6克
1大勺蚝油≈14克
1大勺料酒≈6克

1大勺标准（平勺）
yes
no

1碗标准
1碗水≈250毫升

家常火锅

• 美味家常火锅自己做

美味的餐厅火锅，在家也可以自己做

红汤·白汤·奶汤·骨汤·鱼汤·麻辣·药膳·菇菌…

鲜、香、浓郁的各种汤底

要你吃出这一季冬日的暖阳

醇香骨汤

骨汤

材料 { 大葱2根、生姜1块、蒜8瓣、猪棒骨2根
枸杞20粒

● 制作方法

1

大葱去根、洗净、切成斜段；姜、蒜均去皮、洗净、切成薄片。

2

猪棒骨洗净、斩段，备用。

小段的猪骨更容易熬出骨汤

3

锅中加水，放入猪骨，大火煮沸，焯烫10分钟，去腥。

4

用冷水冲洗焯过水的猪骨，洗掉猪骨表面的脏污。

5

煮锅换水，大火煮沸，放入葱段、姜片、蒜片、猪骨。

6

再次煮沸后，盖上锅盖，转小火焖煮3个小时。

7

煮好后，打开锅盖，撇沫，撒上枸杞，即成骨汤汤底。

菌汤火锅

{ 材料 }

生姜1块、鸡架骨1只、猪棒骨1根
清水8碗（参考P8）

{ 配菜 }

鲜香菇、鸡腿菇、木耳各4朵
金针菇1把、土豆1个
鸭血、冬瓜、肥牛卷各半斤

{ 调料 }

油2大勺、香油2小勺、料酒2大勺
盐1.5大勺、糖1大勺

1
骨汤

● 制作方法

1

鲜香菇泡入温水，轻轻洗去表面泥污；金针菇、鸡腿菇分别去根、去蒂、洗净，备用。

2

葱姜均去皮、洗净、切片；鸡架骨洗净、斩成小块；猪棒骨洗净、斩段。

3

锅中加油，放入猪棒骨、鸡架和葱姜，中火炒至变色后，加入骨汤、香油、料酒，大火煮沸、撇去浮沫。

4

小火熬1小时后，加盐、糖调味，沥出骨头，放入菌类，煮出香味即成。

5

鸭血洗净、切成厚片；温水泡发木耳，去蒂、洗净、撕成小片；冬瓜、土豆均去皮、洗净、切片。

6

火锅中加入熬好的菌汤底，大火煮沸后，即可涮食肉类和蔬菜。

骨汤

【材料】

猪肋排1斤、葱1段
姜1块、蒜5瓣
干红辣椒10根、八角2个
花椒2小勺、桂皮1块
骨汤6碗（参考P8）

【配菜】

白菜半棵、鲜香菇5朵
白萝卜1个、茼蒿1把
豆腐泡、鱼肉丸各半斤

【调料】

油3大勺、糖1小勺
盐2小勺、料酒2大勺
老抽1大勺

● 制作方法

1

猪肋排斩成段，洗净；葱洗净、切段；姜、蒜分别去皮、洗净、切片，备用。

2

七成热：
油面略冒烟

炒锅加油，中火烧至七成热，下入葱姜蒜，转成小火爆香，倒入排骨，翻炒至色泽焦黄。

3

接着加入糖、盐、料酒，翻炒均匀。

4

往锅中倒入6碗骨汤，没过排骨，加入老抽调味、上色。

5

再放入干辣椒、八角、花椒、桂皮，大火煮沸，3分钟后，转小火煮50分钟，即成锅底汤料。

6

煮汤期间，白萝卜去皮、洗净、切成薄片；白菜去根、洗净、切片；鲜香菇洗净，去蒂、切块；茼蒿洗净。

7

排骨煮熟后，放入白菜叶、香菇、萝卜片，小火煮2分钟。

8

最后，再放入豆腐泡、鱼肉丸、茼蒿等食材一同涮煮。

排骨火锅

骨汤

〔 材料 〕	〔 配菜 〕	〔 调料 〕
葱1根、姜1块 蒜5瓣、牛骨1斤 骨汤8碗（参考P8） 干红辣椒5根 八角2个、花椒1小勺	白菜半棵、鲜香菇5朵 土豆、红薯、白萝卜各1个 金针菇1把、玉米1根 鱼豆腐、鱼丸各半斤 羊肉卷半斤	油3大勺、糖1小勺 盐2小勺、料酒1大勺 老抽1大勺

● 制作方法

1

葱去根、洗净、切段；姜和蒜均去皮、洗净、切成薄片；备用。

2

白菜去根、洗净；土豆、红薯、白萝卜均去皮、洗净、切成0.3cm的片；鲜香菇、金针菇均去除根部、洗净，备用。

3

牛骨洗净，放入冷水锅中，大火煮沸，撇去浮沫，捞出、备用。

4

炒锅中加油，中火烧至七成热，放入葱、姜、蒜，小火爆香。

5

放入牛骨，加入糖、盐、料酒，倒入骨汤，没过牛骨。

6

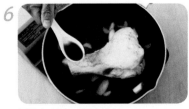

再淋入老抽，调味上色。

7

放入干红辣椒、八角、花椒，大火煮沸后，再煮3分钟。

8

转小火炖1小时，制成锅底汤料。倒入火锅，再次煮沸，即可涮食配菜。

骨汤

【材料】	【配菜】	【调料】
蒜10瓣、姜1块	白菜半棵、菠菜5棵	油6大勺、豆瓣酱1大勺
葱1段、鲜虾6只	鲜香菇4朵	海鲜辣酱5小勺
碎小米辣2大勺	黄豆芽1把	蒜蓉辣酱3大勺
花椒10粒	羊肉卷半斤	蚝油2大勺、白酒3小勺
骨汤6碗（参考P8）		糖1小勺

● 制作方法

1

蒜和姜均去皮、洗净，葱去根蒂、洗净，均切成碎末。

2

剪去鲜虾虾须、虾枪，挑除肠泥，洗净；白菜和菠菜均分别去根、洗净。

3

鲜香菇去蒂、洗去脏污；黄豆芽洗净，备用。

4

炒锅烧热，加2大勺油，小火煸香花椒，捞出，晾凉，擀成碎末。

5

再向炒锅中倒入4大勺油，烧至七成热后，加蒜末，小火煸出香味。

6

继续用小火煸香碎小米辣，加入豆瓣酱及做法4中的花椒碎，翻炒均匀。

7

加海鲜酱、蒜蓉辣酱、蚝油、白酒、糖调味，待香气四溢，放入葱姜末。

8

锅中倒入骨汤（汤制作方法见P8），加入鲜虾，大火煮沸。

9

将煮好的汤倒入火锅内，再次煮沸，即可涮食配菜。

海鲜风味火锅

骨汤

【 材料 】	【 辛香料 】	【 调料 】
五花肉1斤、豆干6片 葱3片、姜2片 红尖椒8根、骨汤5碗 豆腐1块、鲜虾4只 香菜末2大勺	陈皮5片、桂皮1块 小茴香1小勺、丁香1根 花椒1小勺、八角1个 草果1颗	油12大勺、老抽3大勺 甜面酱3大勺、生抽3大勺 黄酒6大勺、盐1小勺 糖2大勺

● 制作方法

1

五花肉洗净、切块，放入冷水锅中焯烫，煮出血水后捞出、沥干，备用。

2

将五花肉块的肉皮沾上老抽，使其上色；葱、姜洗净、切片，备用。

3

锅中加10大勺油，烧至八成热，放入肉块，炸至色泽金黄，沥油，捞出；再放入豆干，炸透，捞出，备用。

4

将辛香料都放入纱布袋中，扎紧袋口，制成香料袋，备用。

5

炒锅中加2大勺油，大火烧至五成热，放入葱、姜、红尖椒炒香。

6

转小火，加入甜面酱，炒出酱香味。

7

加入五花肉块、黄酒、生抽，炒香，加入骨汤、香料袋，小火煮1小时至肉块软烂。

8

把做法7的肉块和豆干倒入火锅，加盐、糖，搅拌均匀，即成火锅底料。

9

豆腐切成厚片；鲜虾洗净、剪去虾须，去除肠泥；二者放入火锅中，大火煮开，撒上香菜末，即可涮食。

猪五花火锅

{ 锅底料 }	{ 配菜 }	{ 蘸料 }
口蘑4朵、葱白1段 姜1块 骨汤6碗（参考P8） 海米2大勺 红枣3颗、料酒1大勺	鲜羊肉半斤、牛百叶1片 豆腐1块、粉丝1把 白萝卜1根、白菜半棵	芝麻酱2大勺、蚝油半大勺 红腐乳1块、腐乳汁1大勺 韭花酱1大勺、香油1小勺 盐半小勺、糖半小勺 胡椒粉半小勺

骨汤

● 制作方法

1

口蘑洗净、对半切开；葱白、姜均洗净、切片，备用。

2

铜锅中倒入骨汤，放入口蘑、海米、葱姜片、红枣，煮制锅底；加入料酒、盐、糖、胡椒粉，熬成汤底。

3

接着处理配菜，鲜羊肉洗净、剔去筋膜，逆着肉纹方向快刀切成薄片，摆放在盘中。

4

牛百叶垂直切口
感脆嫩柔韧

撕去牛百叶光滑面的油膜，仔细清洗叶片，刀的角度垂直于叶片，切成宽0.5cm、长10cm条状。

5

豆腐切成长宽均4cm、厚0.5cm的片；粉丝用温水泡至回软。

6

白萝卜去皮、洗净、切成0.5cm厚的薄片；大白菜洗净、切片，备用。

7

芝麻酱中倒入适量温开水，调成黏稠状；往红腐乳和腐乳汁中加蚝油、韭花酱、香油、盐、糖，调匀成糊状。

8

喜欢吃辣的
朋友可适量添
加辣椒油

将调和好的腐乳汁，倒入芝麻酱碗中，搅拌均匀。

9

食用时，先涮牛百叶，再涮食肉片，然后涮食蔬菜。

老北京铜锅涮肉

骨汤

材料	配菜	调料
土豆2个、蒜苗1把 姜1块、蒜5瓣 腊肉1块 花椒2小勺	白菜片1盘 香菇片1盘 粉丝1把	油1大勺、盐2小勺 糖2小勺、料酒3大勺 生抽1大勺 蒜蓉辣酱2大勺 骨汤7碗

● 制作方法

1

土豆去皮、洗净、切片；蒜苗洗净、切段，备用。

2

姜洗净、切片；蒜去皮、洗净、拍扁，备用。

3

腊肉洗净、切成片状，备用。

4

锅中加1大勺油，放入腊肉，小火煸炒出油。

5

然后放入姜片、蒜瓣、花椒，小火炒出香味。

6

淋入料酒和生抽，再放入蒜蓉辣酱，翻炒均匀。

7

再倒入骨汤，大火煮沸，倒入砂锅。

8

加盐、糖调味，搅匀，续煮5分钟。

9

倒入蒜苗和土豆片，再煮5分钟，即可食用。

{材料}	{配菜}	{醮料}
葱1段、姜1块 蒜5瓣、猪肚尖1斤 红枣3颗、枸杞半大勺 干香菇3朵 骨汤6碗（参考P8）	羊肉卷、肥牛卷各1斤 红薯、土豆各1个 大白菜半棵 粉丝1把	辣椒油3小勺 生抽2小勺 老抽1小勺、糖3小勺 醋2小勺、盐半小勺

● 制作方法

1

葱洗净、斜切成片；姜洗净、切片；蒜去皮、洗净、切成细末。

2

将猪肚尖放入盆中，加入盐和醋，反复搓洗，去除黏液。

3

猪肚漂洗干净后，再加盐搓洗，接着将猪肚内外翻转，去除内壁附着的猪油、脏污。

4

猪肚放入冷水锅中，再加入葱姜一起煮熟，冷却后切片。

5

白菜去根、洗净、切段；红薯、土豆分别去皮、洗净、切成厚0.3cm的片；粉丝泡至回软、洗净、备用。

6

红枣、枸杞均洗净；干香菇泡发、洗净、切丝、备用。

7

将所有调料混合成调味汁，以便涮肚片时蘸食。

8

炒锅中加2大勺油，下入蒜末爆香，倒入骨汤，大火煮沸。

9

放入香菇丝、枸杞、红枣，转成中火，熬煮20分钟后，倒入火锅中，先涮食肚片，再涮食其他配菜。

北京涮肚火锅

骨汤

{ 材料 }	{ 配菜 }	{ 调料 }
羊肉半斤、姜1块 蒜5瓣、葱白1段 枸杞1大勺 骨汤6大碗	香菜2根、粉丝1把 白菜半棵 豆腐泡、鱼丸各适量	油2大勺、盐1小勺 胡椒粉1小勺 料酒3大勺 糖1小勺

● 制作方法

1

姜洗净、切片；蒜去皮、对半切开；葱白洗净、切成斜片。

2

香菜洗净、切段；枸杞用温水泡发。

3

粉丝泡软，剪成段；白菜去根、洗净、切片；豆腐泡、鱼丸洗净，装入盘中，备用。

4

羊肉洗净、切块，放入冷水中，加2大勺料酒，大火煮沸，焯烫，捞出。

5

炒锅加油烧热，放入葱、姜、蒜，再倒入海米，中火爆香。

6

接着倒入骨汤，放入羊肉，加盐、胡椒粉和其余料酒，开大火煮沸，撇除浮沫，放入枸杞。

7

将肉和汤一起倒入高压锅，高压炖煮10分钟后，倒入火锅中。

8

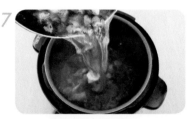

火锅置于火上，再次煮开，即可涮食各种配菜。

骨汤

材料	辛香料	调料
羊肉1斤、红枣5颗 枸杞8粒、青蒜3根 香菜1根、姜1块 葱1根、蒜10瓣 骨汤10碗（参考P8）	白芷4片、陈皮1片、桂皮半块 小茴香2大勺、草果2颗 丁香1根、甘草2大勺 花椒1大勺、砂仁3根 豆蔻3个、沙姜3块、八角5个	油、白糖各3大勺，盐1小勺 熟菜油、猪油各7大勺 牛油、黄酒各10大勺 郫县豆瓣酱、甜面酱各2.5大勺 孜然粉、胡椒粉各1大勺

● 制作方法

1

将所有辛香料放入香料包，封紧袋口，备用。

2

葱去根、洗净、切片；姜、蒜均去皮、切片，备用。

3

羊肉洗净，切成3cm见方的块；将羊肉放入滚水锅中，煮出血水和腥味，捞出羊肉，备用。

4

炒锅倒入3大勺油，放入白糖，不断搅拌，小火炒出糖色后盛出，加水调匀，制成糖水，备用。

5

再将菜油、猪油、牛油倒入锅内，烧至四成热，下入蒜、豆瓣酱和甜面酱，炒至酥香。

6

之后倒入骨汤、黄酒，放入羊肉。

7

接着倒入调制好的糖色，下入姜葱和香料袋，调味。

8

然后加盖，小火焖煮50分钟，撒入盐、孜然粉、胡椒粉。

9

最后，放入红枣、枸杞炖煮，再倒入火锅中；炖汤期间，青蒜、香菜、白菜洗净、切段；冻豆腐、午餐肉切片，装盘涮食即可。

红焖羊肉火锅

香辣红汤

材料 { 猪棒骨、牛棒骨各1根，葱2根、姜1块
蒜10瓣、枸杞20粒、干红辣椒20根
郫县豆瓣酱、老干妈辣酱各2大勺
牛油6大勺、骨汤8碗、料酒4大勺
盐1大勺、糖2大勺、胡椒粉1小勺

• 制作方法

1

葱去根、洗净、切段；姜、蒜均去皮、洗净、切片。

2

将猪棒骨、牛棒骨斩段；枸杞温水泡软、洗净；干辣椒去蒂、洗净、切段，备用。

3

将棒骨放入冷水中，用大火煮沸，再煮10分钟后，捞出、洗净。

4

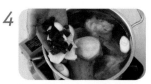

锅内重新加水，放入姜片、蒜片、葱段、棒骨、干辣椒，大火煮沸。

5

煮沸后，盖上锅盖，转小火熬煮3小时。

6

骨汤熬至浓白，撇去浮沫，撒上枸杞。

7

锅中倒入牛油，加豆瓣酱、辣椒酱，小火炒出红油；再倒入骨汤，大火煮沸，加料酒、盐、糖、胡椒粉拌匀，即成香辣红汤。

四川香辣火锅

1 红汤

{ 材料 }

葱1根、姜1块、蒜10瓣、干红辣椒20根
花椒2大勺、八角4个、香草3片
香叶4片、丁香5根、孜然粒1小勺
草果3颗、红汤8碗（参考P28）

{ 配菜 }

豆腐1块、宽粉1把、白菜半棵
鲜香菇4朵、金针菇1把
土豆、红薯各1个、鲜虾3只

{ 调料 }

牛油4大勺、料酒3大勺、郫县豆瓣酱2
大勺、盐2小勺、糖2小勺

● **制作方法**

1

豆腐在盐水中浸泡20分钟，切成厚
1cm的块；宽粉用冷水泡软，切成段
状；白菜去根、洗净、剖半。

2

鲜香菇洗净、切成4块；金针菇去
根、洗净；土豆、红薯去皮、切片。

3

葱、姜、蒜分别去根，去皮，洗净，
均切成碎末，备用。

4

热锅后加牛油，烧至七成热，加入葱
姜蒜末和其余所有材料，小火煸炒。

5

待辣椒变色，加入料酒、豆瓣酱，大火
翻炒2分钟。

6

倒入红汤，再加入盐、糖调味，大火
煮沸后，即可涮食各种食材。

红汤

【材料】	【配菜】	【调料】
葱1段、姜半块、蒜3瓣 牛肉1斤、八角5个 桂皮3块、干红辣椒10根 清水8碗	白菜半棵、白萝卜1个 土豆、红薯各1个 菠菜5棵、宽粉1把 豌豆苗1把、金针菇1把 鱼丸、蟹棒各1盘	油4大勺、盐2小勺 郫县豆瓣酱2大勺 老干妈辣酱1大勺 蒜蓉辣酱1大勺 料酒2大勺、糖1小勺

● 制作方法

1

白菜去根、洗净、撕片；白萝卜、土豆、红薯均去皮、洗净、切片；桂皮洗净；干红辣椒去蒂、洗净，备用。

2

菠菜去根、洗净；宽粉、豌豆苗用温水浸泡30分钟，洗净；金针菇剪去根部、洗净，备用。

3

牛肉洗净、切成3cm的方块。

4

将牛肉放入水中，浸泡出血水，多次换水，直至水清。

5

将牛肉倒入冷水锅中，大火煮沸焯烫，去除血水和腥味后，捞出。

6

锅中加油，中火烧热，加入郫县豆瓣酱，炒出红油后，再加入老干妈辣酱，炒匀。

7

锅中放入葱姜，加蒜蓉辣酱一起炒香；加入八角、桂皮及牛肉。

8

放入干辣椒，倒入料酒和清水，小火炖1小时20分钟，加盐、糖调味。

9

煮好后，倒入火锅中，大火煮沸，即可涮煮其他食材。

香辣牛肉火锅

〔材料〕	〔配菜〕	〔调料〕
猪蹄1只、葱1段 姜半块、八角3个 花椒1大勺、桂皮1块 干红辣椒10根、清水6碗	红薯1个 油麦菜4棵 香肠2根、腐竹3根 干黑木耳5朵	油3大勺、郫县豆瓣酱2大勺 辣椒粉1小勺、麻油1小勺 料酒4大勺、生抽2大勺 胡椒粉2小勺、冰糖1大勺 盐1小勺

● 制作方法

水要没过食材

1

将猪蹄焯水、捞出、洗净、斩切成5cm的块；葱洗净、去根，切片；姜洗净，切片，备用。

2

备齐八角、花椒、桂皮，将桂皮掰成小片，备用。

3

干红辣椒洗净、切段；红薯去皮，切片，备用。

4

腐竹、干木耳泡发，洗净；腐竹切成3cm的段；黑木耳去蒂、撕成小片。

5

油麦菜去根、洗净、切段；香肠切段、划开，备用。

6

锅内倒油，煸炒郫县豆瓣酱、辣椒粉，加入猪蹄以外的所有材料爆香后，倒入麻油、料酒、生抽、胡椒粉，放入猪蹄块煸炒。

7

接着转小火，倒入清水，加入冰糖和盐，加盖焖煮1小时，即成锅底。

8

最后，将锅底倒入火锅内，大火煮沸，即可涮食配菜。

香辣猪蹄火锅

红汤

〔材料〕	〔配菜〕	〔调料〕
葱白1段、姜1块	羊肉卷半斤、金针菇1把	油4大勺、郫县豆瓣酱2大勺
干红辣椒10根	鱼丸1盘、木耳5朵	老干妈辣酱2大勺
豆豉1大勺	豆皮1张、豆腐1块	白糖1小勺、胡椒粉1大勺
骨汤10碗（参考P8）	莲藕1节、土豆1个	麻椒油4大勺
鸡块、鲜虾适量	生菜1棵	料酒1大勺

● 制作方法

1

葱白、姜均洗净、切片；干辣椒洗净、切段。

4

接着倒入4碗骨汤，加糖、胡椒粉、麻椒油、料酒，即成辣汤。

7

净锅，加2大勺油烧热，放入剩余葱姜和鸡块、鲜虾翻炒，加料酒调味。

2

炒锅加2大勺油，放入干辣椒，小火干煸，炒香后捞出，备用。

5

大火煮沸，然后将煮好的辣汤倒入鸳鸯锅中。

8

接着倒入6碗骨汤，调入盐，煮开后撇去浮沫，转小火炖煮30分钟。

3

锅中另加2大勺油，中火烧至五成热，加入郫县豆瓣酱、老干妈辣酱和一半葱姜片，炒出香味。

6

再放入炸好的辣椒，搅拌均匀，即成"辣汤锅"。

9

再将骨汤倒入另一半锅中，搅拌均匀，即成"清汤锅"。配菜处理干净，放入锅中涮食即可。

鸳鸯火锅

红汤

{ 材料 }	{ 配菜 }	{ 调料 }
草鱼1条、葱1段 姜1块、蒜10瓣 花椒2大勺 干红辣椒30根 红汤6碗（参考P28）	白菜半棵、金针菇1把 土豆、红薯各1个 海带1片、羊肉卷半斤 鱼丸、鱼豆腐各半碗 黄豆芽1把	盐1小勺、料酒4大勺 胡椒粉、淀粉各2小勺 油7大勺、糖2小勺 郫县豆瓣酱2大勺

● 制作方法

1

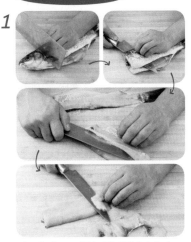

剁下鱼头，刀沿鱼骨两侧分离鱼肉，再将鱼肉片成薄片，鱼骨斩块。

2

将鱼片和鱼头鱼骨分放碗内，加半小勺盐、1大勺料酒、1小勺胡椒粉和淀粉，拌匀，腌制15分钟，备用。

3

白菜去根、洗净；土豆、红薯分别去皮、洗净、切片；金针菇去根、洗净；海带浸泡20分钟，洗净，备用。

4

炒锅烧热，加5大勺油和半小勺盐，接着放入花椒和干辣椒，小火煸香，盛出备用。

5

另起炒锅，放入2大勺油，将郫县豆瓣酱倒进锅里，小火炒香；放入葱姜蒜翻炒均匀。

6

接着，倒入红汤、糖和其余料酒、胡椒粉，煮沸后，放入鱼骨，大火煮5分钟。

7

然后倒入片好的鱼片，用大火煮沸。

8

最后，将鱼汤倒入火锅，加入煸香的辣椒和辣椒油，大火煮沸，即可涮煮各种配菜。

红汤

{材料}	{配菜}	{调料}
葱1段、姜1块	虾10只、毛肚半斤	油2大勺
蒜1头	白菜半棵、脆皮肠1根	郫县豆瓣酱3大勺
花椒2小勺	黄瓜1根	料酒2大勺、醪糟汁5大勺
干红辣椒2把	莲藕1段	盐1小勺、白糖1小勺
		红汤5碗、胡椒粉半小勺

● 制作方法

1

葱去根、洗净、切段；姜去皮、洗净、切成碎末；蒜去皮、洗净、切片，备用。

2

白菜去根、撕片、洗净；黄瓜洗净、切成长4cm的段；莲藕洗净、去皮、切成0.3cm的薄片。

3

用牙签挑除虾背部肠泥，洗净。

4

锅中放油，中火烧热，倒入郫县豆瓣酱，炒出红油。

5

花椒
让香味更香浓

接着倒入花椒、豆瓣酱，煸炒均匀，以增加椒麻味。

6

放入葱姜蒜和红辣椒，略翻炒后，加入红汤。

7

放入醪糟汁
可使汤更
温和、醇厚

加入料酒、醪糟汁、盐、白糖、胡椒粉调味。

8

将虾放入锅中，大火煮沸，待虾变色后，全部倒入火锅，即可涮食配菜。

滋补鸡汤

材料 { 小母鸡半只、八角3个、香叶2片、红枣3颗
葱1根、姜1块、冬瓜1块、枸杞1大勺

调料 { 盐半小勺、糖1小勺

• 制作方法

油脂主要在鸡腿和鸡屁股附近

1 割除鸡皮下油脂，避免鸡汤油脂过多。

2 将鸡切成肉块，放入砂锅，加入凉水，没过鸡块。

3 待肉色变白、鸡皮微卷、血沫释出后，捞出，冲洗干净，备用。

4 将鸡块放入砂锅，倒入2倍于鸡块的水量。

5 八角、香叶、红枣洗净；葱去根、洗净、切段；姜去皮、洗净、切成小片；冬瓜去皮、洗净、切成厚0.4cm的片状。

6 锅中放入八角、香叶、红枣、葱段、姜片调味，再放入冬瓜去油。

7 大火煮沸后，转小火慢炖1小时，放入枸杞、盐、糖，调匀煮沸后，即成滋补鸡汤锅底。

香菇
鸡汤火锅

{ 材料 }

小母鸡半只、红枣3颗、干香菇10朵
姜1块、枸杞1大勺、清水6碗

{ 配菜 }

宽粉、粉丝各1把，香菜4根
菠菜、油麦菜各半斤，白萝卜1个

{ 调料 }

料酒1大勺、盐3小勺、糖1小勺

● **制作方法**

1

红枣泡10分钟，洗净；干香菇温水浸泡30分钟，去蒂、洗净；姜去皮、洗净、切片。

2

宽粉、粉丝均洗净、泡软；香菜去根，洗净；菠菜、油麦菜去老叶，洗净、切长段；白萝卜去皮，切片。

3

将鸡块斩切成大块，洗净、备用。

4

将鸡块、红枣、香菇、姜片放入砂锅，淋入料酒，加入清水。

5

大火煮沸，再转小火慢炖1小时后，加入枸杞。

6

火锅中加入盐、糖调味，大火煮沸后，即可涮食配菜。

【 材料 】	【 配菜 】	【 调料 】
洋葱1个	杏鲍菇1个	油3小勺
芹菜1根	白菜半棵	番茄酱1大勺
西红柿1个	金针菇1把	盐1.5小勺
鸡汤6碗（参考P40）	生菜1棵	糖3小勺
		料酒1大勺

● 制作方法

1

洋葱洗净、切丁；杏鲍菇洗净、切成0.3cm厚的薄片；白菜和生菜洗净、撕片；金针菇去根、洗净；芹菜洗净、切末，备用。

2

西红柿洗净，在顶部轻划十字，浸入沸水中，烫半分钟。

3

然后捞出西红柿，撕去表皮、切丁。

4

七成热：油表面冒烟

炒锅中加油，大火烧至七成热，放入洋葱丁，小火炒至透明软烂。

5

待香味溢出，放入西红柿丁，转中火煸炒。

6

将西红柿炒出汁液，再加入番茄酱，转小火，煸炒成浆汁，倒入芹菜末。

7

倒入鸡汤，再加入盐、糖调味，大火煮沸。

8

将西红柿鸡汤倒入火锅中，即可煮涮配菜食用。

西红柿鸡汤火锅

鸡汤

〔材料〕	〔腌料〕	〔调料〕
鸡腿1只、莴笋1根 冬笋2根、葱1段 姜1块 野山椒1大勺 鸡汤6碗（参考P40）	盐1小勺 料酒1大勺 胡椒粉1小勺	油2大勺、料酒1大勺 郫县豆瓣酱2大勺 酱油1大勺、盐1小勺 白糖1小勺、胡椒粉1小勺

● 制作方法

1

将鸡腿洗净、斩成块，加入腌料，腌制20分钟。

2

莴笋、冬笋均去皮、洗净、切成滚刀块；葱、姜均洗净、切片、备用。

tips

火锅鸡的汤底鲜美，吃完鸡肉后，也可涮食娃娃菜、菠菜等时令蔬菜，食用时蘸陈醋、蒜泥、芝麻酱等调料，味道鲜美无比，这道菜特别适合在冬天食用。

3

锅内加油，烧至五成热，加入葱姜片和郫县豆瓣酱，炒出红油。

4

然后放入鸡块翻炒，炒至鸡块变色。

5

倒入鸡汤，放入莴笋、冬笋和野山椒，转小火炖30分钟。

6

煮至九成熟时，加入酱油、盐、糖调味，再煮至鸡肉完全软烂即成。

3 鸡汤

火锅鸡

	{ 材料 }	{ 配菜 }	{ 调料 }
	葱1根、姜1块 桂圆5个、党参1根 当归3片、红枣10颗 枸杞1大勺、乌鸡半只 清水8碗	土豆、红薯、玉米各1个 莲藕2段、油菜4棵 豆腐1块、鲜香菇4朵 鱼丸、鱼豆腐各半碗	料酒1大勺 盐3小勺 糖2小勺

● 制作方法

浸泡可以使藕片更脆

1

葱和姜分别洗净、切成片状。

2

桂圆去壳；党参切成小段；当归、红枣、枸杞洗净，备用。

3

土豆、红薯均去皮、洗净、切片；玉米切成4cm长段，备用。

4

莲藕去皮、洗净、切成片，放入清水浸泡；油菜去根、洗净，备用。

5

豆腐在盐水中浸泡30分钟后，捞出、沥干、切成厚片；鲜香菇去蒂、洗净；鱼丸、鱼豆腐均洗净，备用。

6

乌鸡洗净，切除鸡屁股，放入冷水锅中，大火煮沸，撇去浮沫、捞出、沥干，备用。

7

将焯烫好的乌鸡放入砂锅中，加入清水，倒入料酒，放入其余材料。

8

然后用小火煮1.5小时，再加盐、糖调味。

9

最后，将配菜都放入汤锅中，即可喝汤涮菜。

药膳炖鸡火锅

〔材料〕	〔香料〕	〔调料〕
鸭子半只、姜2大块 当归、党参、黄芪 川芎、南姜、良姜 枸杞各1个	八角1个 香叶2片、桂皮1块 丁香1根、草果1颗	黑麻油3大勺 香油1大勺、料酒3大勺 盐1小勺、糖2小勺 生抽1大勺、米酒1大勺

● 制作方法

1

将鸭子洗净，放入冷水浸泡10分钟，去除血污。

2

将中药材和香料装入

姜洗净、切片；将中药材和香料装入纱布袋中，封紧袋口，制成香料包。

3

锅中倒入黑麻油、香油，加入姜片，小火煸炒出香。

4

放入鸭子，加入1大勺料酒，煸炒至鸭肉变色，水分收干。

5

将炒好的鸭子、材料包一起放入高压锅中。

6

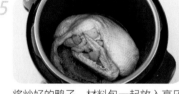

加入清水没过鸭子，再加盐、糖、生抽和其余料酒，中火焖煮20分钟。

7

将煮好的鸭肉和汤倒入火锅中，加入红枣，再用小火炖15分钟。

8

最后淋入米酒，提味后，即可搭配其他涮菜食用。

姜母鸭火锅

{ 材料 }	{ 辛香料 }	{ 调料 }
鸭子半只，葱1根 姜1块、蒜3瓣 青蒜1根 青红尖椒各半个	干红辣椒、花椒、八角 桂皮、香叶、草果 豆蔻、沙姜各适量	生抽、老抽各1大勺 啤酒1碗、油2大勺 郫县豆瓣酱3大勺 冰糖半大勺、料酒1大勺 开水6碗、胡椒粉1小勺 糖2小勺、花椒油1大勺

鸡汤

● 制作方法

1

鸭子斩切成小块，洗净血水，备用。

2

鸭块加生抽、老抽和2大勺啤酒，腌制10分钟。

3

葱、青蒜洗净、切段；姜洗净、切片；蒜拍扁、切片；青红尖椒洗净、切成圈，备用。

4

锅中加油烧热，放入所有辛香料，小火煸炒出香味。

5

然后放入郫县豆瓣酱和冰糖，中小火炒出红油。

6

炒至冰糖融化，有香味飘出时，加入葱、姜、大蒜，大火翻炒。

7

接着放入鸭肉，倒入料酒，大火翻炒，炒至鸭肉变色、成熟。

8

倒入开水和剩余啤酒，大火煮沸，加盖，转小火炖30分钟。

9

鸭肉软烂后，加糖、胡椒粉、花椒油，大火煮沸，加入青蒜、青红椒圈调味，倒入火锅中，即可食用。

鸡汤

〔材料〕	〔小料〕	〔调料〕
猪大肠1斤、葱白1段 姜1块、菜油2大勺 牛油2大勺、猪油1大勺 干红辣椒10根 鸡汤6.5碗（参考p40）	香油1小勺 蒜泥1大勺 盐1小勺	郫县豆瓣酱2大勺 豆豉1大勺、冰糖5颗 白糖2小勺、花椒粉1小勺 盐1小勺、花椒油2大勺 料酒1大勺

● 制作方法

tips

炸辣椒和炒豆瓣酱时要注意，油热后，要转成小火，不要把辣椒和豆瓣酱炸糊。

1

葱白洗净、切段；姜洗净、切片。

2

将大肠用盐和醋反复揉搓，洗至无黏液、无异味。

3

将一半的葱姜和大肠放入滚水中，大火焯烫2分钟，捞出、沥干。

4

将大肠切成4~5cm长的段状，备用。

5

热锅放入菜油、牛油、猪油，中火烧至四成热，加入干辣椒，转小火煸香后，捞出不用。

6

将煸香的油用中火烧至六成热后，放入郫县豆瓣酱、豆豉、葱、姜，小火炒出香味。

7

再加鸡汤，放入大肠，煮至八成熟。

8

加入冰糖、白糖、花椒粉、盐、花椒油、料酒调味。

9

转大火煮开，将汤汁和所有食材倒入火锅即可。

肥肠火锅

【材料】	【辛香料】	【调料】
排骨1斤、葱白1段 姜1块、蒜4瓣 香菜2根、青酸菜1盘 红枣10颗、枸杞1小勺 鸡汤8碗（参考P40）	陈皮5片、桂皮1块 小茴香1小勺 草果1颗、丁香1根 花椒1小勺、八角1个 麻椒1小勺	油、郫县豆瓣酱各2大勺 老干妈辣酱1大勺 黄酒4大勺、盐3小勺 白糖2小勺 胡椒粉1小勺

鸡汤

● 制作方法

酸菜加入过早
排骨不易炖烂

1

葱白、姜均洗净、切片；蒜去皮、对半切开；香菜洗净、切段。

2

将所有辛香料放入纱布袋中，扎紧袋口，制成香料包，备用。

3

将排骨洗净，切成4cm的块；倒入冷水锅中，煮出血水后，捞出，备用。

4

炒锅加油，中火烧至四成热，加入豆瓣酱、老干妈辣酱，炒出香味。

5

放入排骨，略煸炒后，倒入黄酒。

6

接着，加入葱姜、鸡汤、香料包，用大火煮沸。

7

再转小火，将排骨焖1小时后，放进酸菜，继续焖10分钟。

8

然后，连汤带肉倒入火锅中，加入盐、糖、胡椒粉调味。

9

最后，放入红枣、枸杞、香菜，大火煮沸，即可食用。

鸡汤

【 材料 】	【 配菜 】	【 调料 】
葱1段、姜1块 酸白菜半盘 五花肉半斤 鸡汤6碗（参考P40）	土豆、红薯各1个 油菜5棵、白菜半棵 粉丝1把、香菜2棵	油2大勺、盐1.5小勺 糖2小勺、料酒2大勺 韭花酱1大勺 花椒粉2小勺 胡椒粉半小勺

● 制作方法

1

葱、姜均洗净、切片；土豆、红薯均去皮、洗净、切片。

2

香菜、油菜均去根、洗净；白菜洗净、切片；酸菜切成细丝，冲洗干净；粉丝用水泡软。

3

将五花肉放入冷水锅中，大火煮沸，再转小火慢煮，煮至八成熟，用筷子可扎透时，捞出，晾凉。

4

将煮好的五花肉切薄片，越薄越好。

5

炒锅中加油，中火烧至四成热，加入葱姜片，炒出香味。

6

加入五花肉，翻炒片刻后，放入酸菜，与肉片一起翻炒均匀。

7

倒入6碗鸡汤，没过酸菜和肉片。

8

大火煮沸后，加入盐、糖、料酒、韭花酱、胡椒粉调味，倒入火锅中。

9

再次煮沸后，撇除浮沫，加入涮食的配菜，撒上香菜，即可涮煮食用。

酸菜白肉火锅

鸡汤

{ 材料 }

泡菜1碗、葱1段
蒜3瓣
猪肉馅1碗（约200g）
鸡汤6碗

{ 配菜 }

火腿肠1根、洋葱1个
鲜香菇3朵、金针菇1把
豆腐1块、菠菜1把
青豆、黄豆各适量

{ 调料 }

油2大勺、糖2小勺
香油2小勺、鸡汤5碗
盐1小勺、白醋1大勺
韩式辣椒酱1大勺

● 制作方法

1

火腿肠切片；洋葱洗净、切成细丝；鲜香菇洗净、切片；金针菇去根、洗净。

2

泡菜切成3cm见方的片，备用。

3

豆腐洗净、切厚片；菠菜去根、洗净；葱、蒜均洗净、切末；青豆、黄豆焯水，备用。

4

炒锅中倒油烧热，加入肉馅炒散，中火炒至变色。

5

接着加入葱蒜末，小火炒出香味。

6

加入糖、香油，炒至香油味飘出。

7

然后加入泡菜，拌炒均匀。

8

倒入鸡汤，加盐、白醋、韩式辣椒酱调味，大火煮沸。将泡菜汤倒入砂锅，再次煮沸，即可涮食配菜。

鲜香鱼汤

材料 { 葱2根、姜1块、蒜10瓣、鲤鱼1条
油5大勺、枸杞1大勺

● 制作方法

1

葱去根、洗净、切段；姜、蒜均去皮、洗净、切片；枸杞洗净，备用。

2

鲤鱼去鳞、除腮、清除内脏，洗净、斩切成块。

3

将切好的鱼块放入滚水中焯烫，去除腥味。

4

再加入葱、姜、蒜，用大火煮沸。

5

煮沸后，盖上锅盖，转小火煮3小时。

6

鱼汤煮好后，开盖，撇除浮沫，撒上枸杞，即成"鱼汤锅底"。

鱼丸火锅

{ 材料 }

葱1段、姜1块、香菜5棵、小白菜1棵
鲜香菇4朵、宽粉1把、鱼肉1块
鱼汤5碗（参考P60）、香菜1根

{ 腌料 }

水淀粉2大勺、鸡蛋清2个、料酒1人勺
盐1.5小勺、胡椒粉半小勺、香油2小勺
胡椒粉半小勺

{ 调料 }

生抽2大勺

1
鱼汤

● 制作方法

1

葱、姜均洗净、切成细末；香菜、小白菜均洗净、切段；鲜香菇洗净、切块；宽粉泡软，备用。

2

鱼肉洗净，用刀背轻敲鱼肉，使鱼肉细腻、弹韧后，剁成鱼茸，备用。

3

鱼茸中加入葱姜末与腌料，沿同一方向搅拌，搅至鱼茸黏腻、有弹性。

4

锅中加水，中火煮至锅底起泡后，转小火，用手与汤勺将鱼茸团成鱼丸，逐个下入锅中。

5

煮至鱼丸都浮出水面，表示熟透，即可捞出，备用。

6

火锅中倒入鲜鱼汤底，大火煮沸，倒入煮好的鱼丸，加入香菜末，淋上香油即可。

【材料】	【腌料】	【调料】
草鱼1条、青酸菜1棵 姜1块、蒜3瓣 干红辣椒6根 泡野山椒6根 香菜1根、鱼汤4碗	盐1小勺 胡椒粉1小勺 料酒1大勺 淀粉1大勺 鸡蛋清2个	油3大勺、料酒3大勺 盐1小勺、糖2小勺 胡椒粉半小勺

● 制作方法

1

草鱼去鳞、腮、内脏后，冲洗干净，切成鱼片；

腌制时，加入鸡蛋清可使鱼片更加鲜嫩

2

鱼片中加入一半姜片和腌料，腌制15分钟，去除鱼腥。

3

酸菜洗净、切成段；干红椒洗净、切段；葱白、姜洗净、切片；蒜拍扁、去皮、切末；野山椒切碎，备用。

4

锅中加油，中火烧热，放入干辣椒、葱白和剩余姜片，转小火煸炒。

5

然后倒入沥干水分的酸菜，翻炒片刻。

6

锅中加入蒜末和野山椒，继续翻炒。

7

接着加入鱼汤、料酒、盐、糖、胡椒粉调味，大火煮沸。

8

把酸菜鱼汤倒入火锅，再次煮沸后，加入香菜段，即可涮食鱼片和蔬菜。

2
鱼汤

酸菜鱼火锅

鱼汤

【材料】	【配菜】	【调料】
鲶鱼1条、蒜5瓣 姜1块、葱1段 干红辣椒10根 花椒2小勺、豆豉3小勺 清水8碗	肥牛卷、羊肉卷各半斤 豆腐1块、宽粉1把 土豆、红薯各1个 金针菇1袋、油菜5棵 白菜半棵	油3大勺、料酒2大勺 蚝油5大勺 郫县豆瓣酱3大勺 盐半小勺、糖半小勺 生抽2小勺、醋1大勺

● 制作方法

1

蒜去皮、切半；姜去皮、洗净、切片；葱去根、洗净、切成小段；干辣椒去蒂、洗净、切小段，备用。

2

鲶鱼洗净、去除头尾，切成2cm宽的段，加姜片和1大勺料酒腌制20分钟，去除腥味。

3

锅内加油烧至七成热，放入干辣椒、葱、蒜，小火炒香后，倒入蚝油、郫县豆瓣酱。

4

放入花椒、豆豉，小火煸炒2分钟。

5

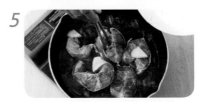

加入清水、盐、糖、生抽、醋和其余料酒，搅匀煮沸，放入鲶鱼段，小火炖30分钟，即成锅底。

6

炖汤期间，将豆腐洗净、切成宽1cm的块；宽粉泡软、洗净；土豆、红薯分别去皮、洗净、切成片。

7

金针菇去根、洗净；油菜、白菜均去根、撕片、洗净，备用。

8

锅底炖好后，倒入火锅内，大火煮沸，即可涮食配菜。

鲶鱼火锅

鱼汤

【 材料 】

葱白1段、姜1块
胖鱼头1个、面粉2大勺
香菜段适量
小茴香1小勺、八角1个

【 配菜 】

豆泡5个、鲜香菇5朵
白菜半棵、贡丸4个
豆腐1块、鸭血1块

【 调料 】

油3大勺、鱼汤6碗
黄酒2大勺
胡椒粉1小勺、盐1小勺
姜粉半小勺

● 制作方法

炒面粉是为了煮出浓白的鱼汤

1

葱白洗净、切段；姜洗净、切片；鲜香菇洗净、去蒂；白菜洗净、切片；豆腐、鸭血均切成厚片，备用。

2

鱼头去鳞、去腮后，洗净，斩切为两半，备用。

3

锅内加3大勺油，中火烧热，放入鱼头煎出香味，煎至鱼皮微黄。

4

另起锅，热锅加1大勺油，使油沾满锅底，倒入面粉，小火煸炒成糊状。

5

倒入鱼汤，放入煎好的鱼头及黄酒，大火煮沸后，转小火煮至汤色浓白。

6

接着放入小茴香、八角、葱、姜等材料，以去除鱼头的腥味。

7

锅中加入胡椒粉、盐、姜粉调味。

8

大火煮沸，撇除浮沫，再煮10分钟，撒上香菜段，倒入火锅中，即可涮食配菜。

鱼头火锅

{ 材料 }

草鱼1条、西红柿2个
葱白1段、子姜1块
蒜5瓣、野山椒1大勺
火锅配菜适量

{ 腌料 }

料酒2大勺
盐1小勺
胡椒粉1小勺

{ 调料 }

油10大勺
番茄酱3大勺、鲜鱼汤6碗
木姜子油2大勺、料酒2大勺
盐1小勺、糖1小勺

● 制作方法

1

西红柿洗净、去蒂、切丁；葱白、姜均洗净、切片；蒜对半切开，备用。

2

将鱼腹向下，自鱼背每隔2cm竖切。

3

将鱼中主刺切断，使鱼腹相连，鱼身卷曲。

4

将处理好的鱼加入腌料腌制；用手揉搓鱼身，使鱼腌制入味。

蒜瓣炸出的料油能遮盖鱼腥味

5
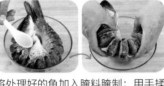

锅中加油，放入葱段、蒜瓣，小火煸炒出香味。

6

接着放入子姜片、西红柿丁，翻炒均匀，炒至西红柿软烂出汁。

7

依次加入番茄酱、鲜鱼汤，搅拌均匀，大火煮沸。

木姜子油有柠檬香气，能去腥、提鲜，是酸汤鱼的必备调料

8

开锅后，将汤汁倒入火锅，加入野山椒、木姜子油、料酒、盐、糖调味。

9

最后将鱼放入锅中，再次煮沸，煮至鱼肉变色，即可涮食其他火锅配菜。

鱼汤

【材料】

甲鱼1只、鸡半只
葱白1段、姜1块
鲜汤6大碗
党参1根、枸杞1大勺
红枣10颗

【调料】

油2大勺、啤酒1碗
盐1小勺、糖1小勺
胡椒粉半小勺、生抽1大勺

● 制作方法

1

宰杀甲鱼，斩下头部，净血，沿甲鱼壳边缘剖开，分离壳与身体，方便清除甲鱼内脏。

2
将甲鱼的内脏清除，取出藏在肝脏中间的苦胆，备用。

3

将甲鱼血水冲洗干净后，放入80℃热水中略烫3分钟，以去除甲鱼身上的腥臭粘膜。

4

经热水烫后，可撕下甲鱼壳和身上的黑膜；然后斩剁成块，洗净，备用。

5
鸡洗净、斩切成块；葱白洗净、切段；姜洗净、切片，备用。

6

锅中加油，放入葱段、姜片，转小火炒香；然后放入甲鱼块和鸡块，翻炒片刻。

7

再加入啤酒、鲜汤、党参，搅匀。

8

将甲鱼的苦胆加入锅中，与汤汁混合均匀，再加入盐、糖、胡椒粉、生抽，小火焖制50分钟。

苦胆是天然的提鲜调味料

9

熟烂后，加入枸杞、红枣，搅匀后，再焖10分钟，即可食用。

补甲鱼火骨

香浓奶汤

材料 { 葱1根、姜1块、猪棒骨1根、老母鸡半只
清水10碗、料酒5大勺

• 制作方法

1 葱、姜洗净、切片；鸡腿洗净、斩块。

2 猪棒骨洗净，斩剁成5cm长的小块。

3 猪棒骨和鸡块放入沸水中焯烫，去除腥味，捞出。

4 净锅，倒入清水，下入猪棒骨和鸡块，加入葱姜片，大火煮沸。

5 再倒入料酒，加盖，用小火炖2小时。

6 煮至汤汁呈乳白状，打开锅盖，过滤掉骨渣，即成"奶汤锅底"。

牛奶火锅

{ 材料 }

牛奶2袋、洋葱半个、奶汤5碗、黄油2大勺

{ 配菜 }

鸡胸肉1块、西蓝花1棵、鲜香菇2朵
白菜半棵、菠菜2棵、南瓜半斤
胡萝卜1根

{ 调料 }

盐2小勺、糖5小勺

● 制作方法

1

将鸡胸肉洗净,切成0.2cm厚的薄片,备用。

2

将西蓝花洗净,切成小朵;香菇去蒂、洗净、切片;二者均焯水、捞出、沥干,备用。

3

将南瓜和胡萝卜去皮、洗净,切成0.3cm厚的片状,备用。

4

洋葱洗净、切丁;炒锅加热,放入黄油,大火炒至溶化,倒入洋葱丁,转小火炒至透明、软烂,盛出。

5

白菜去根、剥片、剖半、洗净;芹菜去根、洗净、切段,备用。

6

汤锅中倒入奶汤,大火煮沸,再加入牛奶和洋葱丁,再次煮沸后,放入盐、糖调味;即可涮煮食材食用。

73

奶汤

【材料】	【配菜】	【调料】
姜1块、葱1根 火腿半根 鲜香菇3朵 活鲤鱼1条 奶汤5碗（参见P72）	菠菜5棵、豆腐半斤 香菜4根 肥牛卷、羊肉卷各半斤	油3大勺、猪油5大勺 料酒2大勺、盐2.5小勺 白胡椒粉1小勺 糖1.5小勺

● 制作方法

1

姜洗净、切片；葱去皮、洗净、切段，备用。

2

豆腐切片；香菜、菠菜均去根、洗净、切成段。

3

将火腿切成0.3cm的薄片；鲜香菇洗净、对半切开。

4

鲤鱼去鳞、鳃、内脏，洗净，剁掉鱼头和鱼尾，斩切成1.5cm厚的鱼段。

5

六成热：
油表面冒烟

锅中加色拉油和猪油，大火烧至六成热，放入葱姜，转小火爆香，再加入鱼块煸炒。

6

接着倒入料酒、盐、奶汤、火腿片、香菇片，大火煮20分钟。

7

待鱼块变白，倒入火锅中，加盖，大火煮沸，撒入白胡椒粉、糖和香菜。

8

然后放入肉类和蔬菜进行煮涮。

家常蘸料

•家常火锅蘸料

好吃的火锅关键不只在于汤底，

一小碗特调的火锅蘸料，也可以让你"爱不释口"。

芝麻、蒜蓉、香辣……将满足你这个冬天的火锅情结。

芝麻酱一定要用冷开水搅匀，用热水搅拌容易搅成疙瘩。

1 芝麻酱

材料：

芝麻酱2大勺、花生酱半大勺，蚝油、香油各1小勺
盐、糖各半小勺，花椒10粒、油2大勺、香葱末1小勺

制作方法：

1. 碗中放入2大勺芝麻酱，分次加入少量的水调匀。
2. 调好的芝麻酱里加入花生酱、蚝油、盐、糖、香油。
3. 炒锅中加2大勺油，下入花椒，小火煸香。
4. 最后将1大勺花椒油拌入芝麻酱，撒上香葱末即可。

咸一点：	辣一点：	酸一点：

韭菜花+玫瑰腐乳	+辣椒油	+陈醋

1
蘸料

2 家常辣椒酱

材料：

干红辣椒10根、白芝麻1大勺、蒜5瓣、花椒粉1小勺

调料：

盐1小勺、花椒粉1小勺、生抽1大勺、油1/3碗

制作方法：

1. 干红辣椒洗净、去籽、切碎后，倒入碗中，备用；蒜去皮、切成蒜末，备用。
2. 将蒜末倒入辣椒碎中，加入盐、花椒粉、生抽、白芝麻拌匀。
3. 炒锅中倒入10大勺油，中火烧至8~9成热后，慢慢地把热油冲入辣椒碎碗中，并不停搅拌均匀即成。

2 蘸料

3 麻辣酱

材料：

朝天椒10根、花椒粒2大勺、姜1块、蒜3瓣

调料：

油3大勺、辣椒粉5大勺、辣椒油5大勺、沙茶酱10大勺

制作方法：

1. 炒锅中加3大勺油，下入花椒粒，用小火煸出香味；然后将花椒粒捞出，花椒油留在锅中，备用。
2. 姜洗净、切片；蒜去皮、洗净；朝天椒从中剖开。
3. 将辣椒油倒入锅中，与花椒油混合，再把姜片、蒜瓣、朝天椒放入煸炒。
4. 等朝天椒煸干后，捞出，油继续留在锅中，备用。
5. 接着把辣椒粉倒入油中，翻炒出香味，再放入沙茶酱，翻炒均匀，盛出即可。

3 蘸料

4 蒜蓉香辣酱

材料：

红线椒10根、蒜2头、姜1块

调料：

油5大勺、酱油1大勺、葱伴侣酱2大勺、糖2大勺

制作方法：

1. 红线椒洗净、去蒂；蒜去皮、切末；姜洗净、切末，备用。
2. 去蒂的辣椒放入蒸锅蒸15分钟，晾凉后用刀把红线椒剁碎。
3. 炒锅内加1大勺油，中火烧热后转小火放入蒜末、姜末炒香，接着放入葱伴侣酱炒出香味后，倒入酱油、糖翻炒均匀。
4. 最后倒入剁好的辣椒，拌匀即可。

5 西红柿辣酱

材料：

西红柿3个、朝天椒10根、姜1块、蒜5瓣

调料：

黄酱2大勺、盐1小勺、白砂糖4小勺

制作方法：

1. 西红柿洗净，在顶部划十字刀，焯烫半分钟，撕去表皮。
2. 朝天椒洗净、沥干；蒜去皮，一切为二；姜洗净、切片。
3. 将西红柿、辣椒、姜、蒜一起放入果汁机中打成糊状，备用。
4. 炒锅中加2大勺油，中火烧至六成热，倒入做法3的糊状物，再放入黄酱翻炒均匀，加盐、白砂糖调味即可。

6 姜醋汁

材料：

蒜5瓣、姜1块

调料：

生抽2大勺、白醋1大勺、香油1小勺

制作方法：

1. 蒜、姜均去皮、洗净、切成碎末。
2. 将蒜末、姜末盛入同一碗中，加入生抽、白醋、香油，搅拌均匀，即成。

7 腐乳汁

材料：

红腐乳10块

调料：

糖2小勺、白酒1小勺、凉开水10大勺

制作方法：

1. 红腐乳放入碗中，用汤勺反复碾压成泥。
2. 接着加入凉开水10大勺，搅拌成糊状。
3. 接着将腐乳汁倒入炒锅中，大火煮沸。
4. 加入糖、白酒调味，搅拌均匀即成。

腐乳汁适合搭配鱼、虾类的火锅

8 蒜泥酱

材料：

蒜10瓣

调料：

糖、辣椒酱各1大勺
辣椒粉、酱油各1小勺
橄榄油、水各2大勺

制作方法：

1. 蒜去皮、洗净、切成碎末。
2. 炒锅中加入2大勺橄榄油，中火烧至六成热，加入蒜末，小火炒出香味。
3. 接着放入辣椒粉、辣椒酱、水，大火煮沸；然后放入糖、酱油调味。

9 芥末酱

材料：

芥末粉1袋（约200g）、开水适量

调料：

盐半小勺、糖半小勺、白醋1小勺、橄榄油2小勺

制作方法：

1. 将芥末粉倒入碗中，慢慢倒入开水，边倒水边搅拌，拌匀成膏状，备用。
2. 将膏状芥末晾凉，再倒入开水，使水没过芥末膏。
3. 然后盖上盖子，保温放置5小时，将多余的水倒掉，以去除芥末的苦涩味。
4. 接着加入所有调味料，搅拌均匀即可。

10 麻椒油

刚熬好的麻椒油不要马上就吃，放到第二天再吃，味道会更醇香。

材料：

麻椒5大勺、花椒4大勺、白芝麻 1.5大勺

调料：

食用油 1碗

制作方法：

1. 麻椒粒、花椒粒放入搅拌机中，搅打成粉末，备用。
2. 炒锅烧干、关火，倒入食用油、碎麻椒、花椒粉，用余温煎出椒香味。
3. 香味飘出后，再倒入白芝麻。
4. 倒入白芝麻后，开小火慢慢熬2分钟。
5. 熬好后，将麻椒油倒入干燥的碗中即可。

11 红油蘸料

材料：

辣椒面5大勺、花椒面1大勺、花生米1把、白芝麻1.5小勺

调料：

油半碗、盐1小勺

制作方法：

1. 白芝麻放入炒锅中，小火翻炒出香味；花生米放入微波炉中火烤熟；辣椒面放入碗中。
2. 接着将白芝麻、花生米倒入盛辣椒面的碗中。
3. 加入1小勺盐、1大勺花椒面，搅拌均匀。
4. 炒锅倒入半碗油，烧至五成热，油面略冒烟时，关火。
5. 接着将油冲入盛辣椒面的碗中，搅拌均匀即可。

图书在版编目 (CIP) 数据

火锅 / 贺鹏飞著 . -- 北京：北京联合出版公司，
2014.4（贺师傅系列）

ISBN 978-7-5502-2781-1

Ⅰ . ①火… Ⅱ . ①贺… Ⅲ . ①火锅菜－菜谱 Ⅳ . ① TS972.129.1

中国版本图书馆 CIP 数据核字 (2014) 第 064915 号

火锅

作　　者： 贺鹏飞
主　　编： 赵潍
责任编辑： 孙志文
特约编辑： 郭碧橙、王晔
装帧设计： 贺清华
责任校对： 赵潍

北京联合出版公司出版

（北京市西城区德外大街 83 号楼 9 层　100088）
北京旭丰源印刷技术有限公司印刷　新华书店经销

字数：16 千字
开本：889×1194 毫米　1/24
印张：3.5
2014 年 6 月第 1 版　2014 年 6 月第 1 次印刷
定价：20.00 元